罗克数学荒岛5
历险记

不一样的儿童节

达力动漫 著
DALI ANIMATION

SPM
南方出版传媒

全国优秀出版社
全国百佳图书出版单位　广东教育出版社

·广 州·

目录

游园会

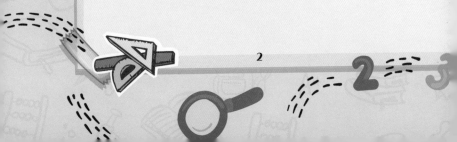

舞蹈大赛

游园会

令人期待的游园会……吗

　　清晨，罗克一行人早早地来到学校。远远地，大家就看到学校里有几个熟悉的身影正在忙碌——加、减、乘、除正忙不迭地往墙上贴着什么东西，国王则在后面指挥着。

　　大家走过去，听到国王正在指挥加、减、乘、除："向右一点，再向左一点……太左了，往右边稍微移一下！"在国王的指挥下，加、减、乘、除忙得满头大汗。

　　花花走到国王旁边，看着加、减、乘、除忙碌的背影，问道："爸爸，这是在贴什么啊？"

国王双手抄在背后，很精神地看着花花说："原来是我的乖女儿啊！你看看，这是我设计的'六一'儿童节宣传海报。"

这时罗克等人也走了过来，听到国王刚刚说的话，大家欢呼起来。罗克说："对啊！又快到儿童节了。"花花问："这是我们的节日吗？"国王抱起花花说："当然啦！为了给你们庆祝这个节日，校长借我的王宫给全校同学办一次游园会。"这时，加、减两人各拿着一张海报，旁边的乘、除摆了个造型。

众人仔细地看了看海报。小强紧张地

说："我不要，游园会可能会好多人啊，我害怕！"罗克笑着对他说："别怕，游园会可以玩好多好玩的！"小强听后，将信将疑地看着罗克。

一旁的国王不知什么时候拿出一面镜子摆弄着自己的发型。他看着镜子对大家说："游园会上谁都不能玩，你们需要工作。"

罗克跳到国王旁边，气冲冲地对国王说："我又不是你们王宫的人，我才不工作呢！"国王将了将额头上的头发，背过身，大拇指向后指了指罗克，说："加、减、乘、除，说服一下罗克。"

实验室里，校长正坐在椅子上。他鼻子上顶着一支笔，双手抱在脑后，仿佛在思考着什么。

Milk嘴里嚼着东西走了进来，看到校长的样子，不禁在一旁"噗噗噗"地笑了起来。

校长发现Milk在嘲笑他，气不打一处

来。他鼻子上的笔抖了几下，于是他又赶紧平静下来。

Milk看到校长的一番举动，来了兴趣，问道："校长，你这是在干什么呢？"校长闭着眼睛，一动不动地躺在那儿，慢悠悠地说："我在感受平静。"

Milk走到校长面前，伸手在他前面晃了晃，然而校长并没有理他。他挠了挠脑袋，继续问："感受平静？什么是感受平静？"校长得意地一笑，说："感受平静就是戒骄戒躁，像你这么浮躁的人是不会明白的。"

Milk看着校长心平气和的样子，试探地问道："不管怎样你都不会生气吗？"校长眉毛向上扬了一下，摆出一副理所当然的模样。Milk说："校长，我偷吃了你的蛋糕！"校长轻蔑地"哼"了一声，丝毫不为所动。Milk看到后鼓起掌来，说："校长你真是太厉害了！这就是感受平静吗？"校长神气地笑着说："哼，年轻人！"

Milk摸了摸肚子说："校长，你桌子上面那个小方块是干什么的？嗝！"校长躺在椅子上摇着椅子，鼻子上的笔纹丝不动。他慢悠悠地说："那是我用来抓罗克的法宝，只要我趁游园会抓住罗克，那帮荒岛的数学白痴就根本不可能跟我抢答，愿望之码就是我的了！"

Milk的嘴巴动了动，像是在咀嚼什么东西。突然，他从嘴里喷出一个网子，兜住了校长。校长被盖在地上，但仍然保持着平静的状态。他缓缓地深吸了一口气，睁开眼睛，看到Milk正傻乎乎地笑着看着他。

"Milk——"整个小镇的鸟都被这一声怒吼惊扰得飞走了。

国王的年龄

现在每个学校都流行数学游园活动，今年的游园活动有一道猜年龄的题目。对这类问题可不能瞎猜，而是要充分利用题目中的重要线索条件，进行推算，最后确定能完全符合条件的答案。

例 题

国王有三个女儿，三个女儿的年龄加起来是13岁，三个女儿的年龄乘起来等于国王的年龄。罗克已知道国王的年龄为36岁，但仍不能确定国王三个女儿的年龄。这时花花说了句："两个妹妹都还没上学呢，两个妹妹都比我小7岁。"罗克马上就知道了国王三个女儿的年龄。请问国王和他三个女儿的年龄分别是多少？

两个妹妹还没上学，即小于3岁，都比花花小7岁，说明两个妹妹是双胞胎，根据这些重要线索分情况考虑：

如果两个妹妹是1岁，花花为8岁，三人年龄和不符合条件。

如果两个妹妹是2岁，三个女儿的年龄分别为2岁、2岁、9岁，国王的年龄为36岁，符合条件。

如果两个妹妹年龄是3岁，花花为10岁，不符合条件。

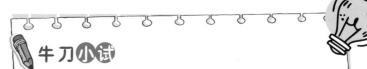

牛刀小试

姐姐和妹妹今年的年龄和是12岁，四年前她们的年龄和是5岁，今年姐姐和妹妹各多少岁？

游园会开始

"工作吗?"国王拿着镜子,仔细地看着自己的额头。罗克严肃地说:"工作!当然工作!我的心里只有工作!"国王收起镜子,摆了摆手,加、减、乘、除这才放开罗克,而旁边的小强早已吓得瑟瑟发抖。

国王转过身面向众人,说:"全体都有!立正!向我看齐!"众人来到他面前站好,望着他。国王满意地点点头,摸了摸下巴说:"罗克,看你这么调皮,游园会期间,你就跟依依去点心摊工作。依依,你看好罗克!"

"罗克那么调皮，我才不想跟他一组！"依依一边说着一边转动手里的手帕。

罗克听了，不开心地反击道："你那么野蛮，我更不想跟你一组！"

两人正对峙着，国王不耐烦地说："你们别吵了！这是命令！听我的！"说完扔给他们两个六芒星警徽一样的东西。

国王又指着花花，说："女儿，你和小强一组，负责巡逻。"

"我才不想和鼻涕虫一组呢！"花花看着小强，一脸嫌弃地说。

国王一脸宠溺地对花花说："花花，相信爸爸，你们是黄金搭档。"

花花没有办法，一脸不情愿地把花递给小强，说："小强，你以后就牵着我的花走吧。"

小强抓着花花的花，跟着她向教室走去。小强小声地嘀咕："其实，我也不想跟花花一组。"花花突然停下了脚步。小强感

到不妙，刚想走，却被花花一把抓住。接下来校园里传来小强的求救声和罗克与依依的吵架声。

很快，儿童节就到了，城堡外面的马路上熙熙攘攘，路旁开了许多店铺，家长带着孩子们在商店里选购各种充满节日气息的商品。游乐园的旋转木马和摩天轮上不时传来阵阵欢笑声，整个游乐园洋溢着快乐的气息。

一家蛋糕店前挤满了顾客，罗克的班主任正忙着给客人打包蛋糕，依依在一旁收钱。"老师！我要这个，还有这个！"一个小朋友点了两份蛋糕。

班主任很快包装好，然后对依依说："你去看看蛋糕好了没有。"依依点头答应，立刻跑去找负责做蛋糕的罗克。刚跑过去，依依就被眼前的景象吓呆了。

原来，罗克拿了四团面在空中抛着，一旁的UBIQ拿着一个盘子在旁边随时准备接

住。"罗克!"听到依依的叫声,罗克吓得跳了起来。UBIQ看准时机,一个一个地接住了面团。

依依指着罗克,着急地说:"前面忙都忙不过来,你们还有心思在这里玩?"

罗克却像没听见似的嬉笑着看UBIQ一个个接住面团,并给它竖了一个大拇指。过了好一会儿,他才不慌不忙地说:"别急,再玩一会,蛋糕还在烤呢。"

说完罗克就想溜走,被依依一把拉住。依依转了转手帕,威胁罗克说:"不如我们一起来玩擦脸游戏吧?"

罗克一听慌了,突然捂着肚子说:"哎哟,肚子疼,依依,我先去上厕所。"

依依没有办法,只好无奈地看着罗克飞奔而去。

打折故事——多买一个蛋糕更省钱

商店有时降价出售商品，叫作打折销售，简称"打折"，打几折表示十分之几（通常写成小数），也表示百分之几十，例如打八折，就是按原价的80%计算费用。

例 题

花花一行五人也来到蛋糕店，看到店门口竖着一个牌子：蛋糕一律5元一个，买6个或6个以上可享受八折优惠。"可我们只需要买5个啊！"花花皱着眉头叹息。

他们怎样买更省钱呢？

方法点拨

如果买5个，一共是25元，如果买6个可享受八折优惠，一共是5×6×0.8=24（元），多买了一个蛋糕还少了1元钱，所以买6个蛋糕更划算。

牛刀小试

你知道"八五折"是什么意思吗？某商场国庆假期期间全部商品打八五折，罗克妈妈有会员卡，可以折上再打九折，现在妈妈要买一个原价1000元的包包，请帮忙算算罗克妈妈今天购物节省了多少钱？

双人份的飞天大炮

旋转木马上的人沉浸在节日的欢快氛围中，刚从木马上下来的人们迫不及待地走到下一个想玩的地方。

泰哥刚从摩天轮上下来，就意犹未尽地向另一个地方跑去。他跑着跑着，不料前面正在买东西的小胖突然转过身来，肚子撞到了泰哥。泰哥只感到被一股不可抗拒的力量击中，然后腾空飞了出去。泰哥闭上双眼，感受着耳边的风，等待着落地的那一刻。他仿佛看到了自己刚上小学，自己幼儿园毕业……过去的一幕幕在他眼前重现。正想

着，泰哥感到背后有一双大手接住了自己，他睁开眼睛，看到一个瘦警长正微笑着看着他。

一旁传来一阵掌声，胖警长拍着手走过来，对瘦警长说："警长，你今天好有爱心啊！"瘦警长不满地说："什么叫我今天好有爱心？我一直都有爱心啊。"瘦警长说完，松开手理了理警帽，而泰哥则直挺挺地掉在地上。

瘦警长一只手叉着腰，另一只手捏着警帽，郑重其事地说："让孩子们玩得安全和放心，是我们的责任。"一旁的胖警长看着昏倒在地的泰哥，不知道该说什么。

瘦警长看着游乐园里开心玩耍的人们，想了想，对胖警长说："胖子，你看他们玩得多开心啊！不如我们也去找点乐子吧！"

原本还在一旁担心泰哥的胖警长听到这番话，一下子来了兴趣，兴奋地问瘦警长："玩什么？玩什么？我想玩摩天轮。"

瘦警长摇了摇食指，对胖警长说："不不不，我们是警长，应该让孩子们瞧瞧我们的厉害！"

　　胖警长狠狠地点了一下头说："嗯！说得没错！只不过我们要怎么做呢？"瘦警长往旁边一指，胖警长顺着瘦警长手指的方向看到了他们的小象坦克。

　　瘦警长轻轻拍了拍胖警长的后背说："去吧。"胖警长吃惊地指了指自己，问道："我？"瘦警长微笑着点了点头。胖警长不敢相信，又指了指炮筒，再次问道："进去那里？"瘦警长不耐烦地说："叫你去你就去，快点，这是命令！"

　　胖警长生无可恋地走向小象坦克，他跳起来抱住象牙灯，一双小短腿在后面不停摆动，好不容易蹭了上去。他跳上炮筒，慢慢爬到炮筒里，又往里挤了挤。瘦警长远远地给他竖起了大拇指。

　　而此时，溜出来的罗克正在街上跑着，

他想停下来喘口气，便扭头看了看，发现后面并没有追兵，一切安全，于是松了一口气。

罗克扫视了一圈，目光定格在小象坦克上，然后向着小象坦克走了过去。罗克看到瘦警长正站在小象坦克上面做准备，就问道："警长，你在上面做什么？"

瘦警长在上面得意地摆了个造型说："我们要表演飞天大炮。"胖警长则在炮筒里唉声叹气。罗克听瘦警长说完，摇了摇头说："太普通了，没什么吸引力。"

瘦警长看到罗克失望的表情，大吃一惊，赶紧说："谁说普通了！我们可是要表演……"他想了想，接着说，"表演两个人的飞天大炮！"

罗克一听，来了兴趣，说："两个人？这我倒是没听说过。"瘦警长连蹦带跳，踩着小碎步走到了炮筒上。胖警长看着瘦警长，不解地问："警长，你怎么也来了？"

瘦警长一边往炮筒里钻，一边说："我要让大家看一段空前绝后的表演。"钻了一会儿，瘦警长发现自己根本钻不进去，便一把提起胖警长，向上一扔，自己先钻了进去。胖警长掉下来，抓住炮筒，又挤了进去。两人在炮筒里面挤得龇牙咧嘴，罗克在一旁看得目瞪口呆。

瘦警长摸了摸口袋，说："忘记把遥控器带进来了。"他扭动身子，奋力往外挪了挪，把一只手伸出来，指着坦克说："罗克，帮个忙，我的遥控器忘在坦克驾驶室

里了。"罗克听完打了一个响指说："没问题。"

罗克走进坦克驾驶舱，里面乱糟糟的，墙上布满锈渍，舱内还有一股咸鱼味。罗克皱着眉头，捏着鼻子，找啊找，终于在桌子上看到了遥控器。他赶紧拿了遥控器就走，出了舱门还连喘了几口气。

拿着遥控器，罗克的好奇心一下子涌了上来。他一向对这些东西毫无抵抗力。罗克连按了几个按钮，一旁的小象坦克快速地旋转着炮身，而炮筒里则传来胖、瘦警长的惨叫声。炮身停下，瘦警长晕乎乎地说："罗克！你在干吗？不要乱动，只要按红色按钮就行了。"胖警长连连点头表示赞同。

罗克低头看着遥控器，上面有好几个红色按钮，也不知道该按哪个按钮。他想了想，把所有的红色按钮都按了一遍："这样就不会按错了！"

胖、瘦警长隐隐约约感到坦克在震动，

瘦警长赶紧对胖警长说："不好，坦克不对劲，我们得赶快下去。"说完两人一起往外挤，结果因为塞得太紧，谁也出不去。

"胖子！我平时就叫你减肥，你偏不听！"

被瘦警长这么一说，胖警长委屈地说："我平时已经很注意食量了。"瘦警长没有办法，只好说："听我指挥：吸气，收腹！"两人一起收腹，继续拼命往外挤。突然，坦克"嘭"的一声，把两人发射了出去。

胖、瘦警长飞在天上，他们睁开眼睛，看到前面是光秃秃的悬崖壁，两人呈"大"字形直挺挺地撞了上去，然后又弹了下来。两人一路上掠过树枝杂草，还穿越了一片人

工仙人掌林，终于又回到罗克面前。罗克看着他们，脸上写满了抱歉。

"你刚才按的什么键？把我们害得好惨！"两人转过身来，背上插满了仙人掌的刺。罗克不好意思地笑着道歉。

瘦警长一把夺过罗克手中的遥控器，越想越生气。这时，周围传来一阵掌声。他疑惑地向后看去，原来是一群小朋友在鼓掌。一个小朋友说："警长好厉害，我以后也要当警长。"

胖、瘦警长听到这番话先是愣了一下，然后嘴角一弯，得意地摆了一个帅气的造型。胖警长小声对一旁的瘦警长说："警长，警长，大家都在夸奖我们呢！"瘦警长窃喜，小声回复："我知道，我知道。"

比比谁快

警长的"飞天大炮"的速度和真正的飞机的速度比起来慢多了。我们知道，声音在空气中的传播速度是340米/秒，法国研制的一种民用飞机的速度可达每小时2180公里，号称超音速飞机。

例 题

通过计算，比一比法国研制的这款飞机的飞行速度和声音在空气中的传播速度哪个更快？

方法点拨

首先要统一速度单位，将飞机的速度换算成米/秒。

2180公里=2180千米=2 180 000米

1小时=60分=3600秒

2 180 000÷3600≈605.6（米/秒）

605.6米/秒>340米/秒。

牛刀小试

另一种统一单位的方法是将声音的速度单位换算成千米/时，你会吗？试一试。

神枪手花花

　　另一边，花花正带着小强在街上巡逻。"来来来，玩一次才一枚硬币，射中还有飞天糖赠送！"花花循声望去，原来是糖果婆婆在路边开了一家射气球店。

　　听到奖品是飞天糖，花花连忙开始撕花

瓣决定去不去玩。"玩，不玩，玩，不玩，玩！"最后一片花瓣是"玩"，花花开心极了，扔了花就准备跑去玩。

"我们可是有工作在身的！"小强赶紧叫住花花。可花花一心想着赢奖品，她将佩戴在衣服上的徽章摘下来扔给小强，说："这里是王宫，我想干什么就干什么！"

花花说完就跑到小店前面，随手抛了五枚硬币。糖果婆婆接住数了一下，说："花花，你一共可以玩五次。"花花点点头，跑到射击位置上拿起玩具枪，开心地说："太好了，射气球是我最拿手的游戏。"

小强走过来给花花加油，说："花花，你一定要拿到奖品啊！"花花叉着腰神气地说："那当然了，赢了分你半颗飞天糖。"小强正在一旁想着半颗糖可以飞多高的时候，花花已经开始瞄准。她连开两枪，枪声响起，气球却一个也没炸。

糖果婆婆在一旁笑呵呵地说："花花，你的枪法太差了。""你看好了！"花花不服气，又连开三枪，但还是一个气球都没击中。花花惊讶地瞪大了眼睛。

一旁的糖果婆婆靠着柜台问花花："怎么样，还玩不玩啊？"花花一摸口袋，"我……我没钱了……"说着委屈地哭了起来。

罗克看完飞天大炮表演后，和胖、瘦警长道了别，在路上继续找好玩的。走着走着，罗克听到了花花的哭声。罗克闻声赶来，看到花花站在那里哭着，而一旁的小强则手足无措。

罗克问："花花，你怎么哭了？"小强替她回答说："花花没钱了。"罗克听完后对花花说："这还不简单。"说着就从口袋

27

里掏出一枚硬币递给花花。花花开心地接过硬币交给糖果婆婆，糖果婆婆一脸开心地收了钱。花花赶紧瞄准气球开了一枪，结果还是没中。

罗克觉得有点不对劲。他看了看糖果婆婆，发现糖果婆婆正一脸坏笑。糖果婆婆看到罗克望向她，赶紧假装没事似的吹起口哨来。

罗克上前看了看玩具枪，摆弄了几下，按了几下扳机，对花花说："花花，你再来一次，我保证你能射中。"罗克说完，递给糖果婆婆一枚硬币，然后抓着小强来到店铺的后面。

店铺后门有一个音箱，罗克一看，顿时明白了："花花之所以打不中气球，是因为枪里根本就没有子弹。""这怎么可能呢？我明明听到很大的枪声啊！"小强大吃一惊。罗克指了指旁边的音箱说："糖果婆婆控制着音箱，只要花花一射击，她就播放枪声。"小强恍然大悟。

花花开始做射击准备，她一只眼睛瞄准，另一只眼睛闭上，屏息凝神，然后扣动扳机。枪声响起，墙上的气球竟然一个个地全部爆炸了。一旁的糖果婆婆顿时傻了眼。花花得意地说："看我多厉害！"而墙后面，罗克和小强拿着针偷偷笑着。当糖果婆婆跑到墙后面时，罗克和小强已经溜了。

花花对糖果婆婆说："我射中了那么多气球，你要给我好多颗飞天糖。"

糖果婆婆坏笑着说："你想得美！一共有50个气球，射中中间唯一那个红色气球才可以得到一颗飞天糖。黄色气球有25个，射中5个才能得到一颗飞天糖，剩下的蓝色气球，要射中4个才能得到一颗飞天糖，你一共能得几颗？"

花花掰着手指头数了数："1个、2个、3个……我不管了，反正你要给我飞

天糖。"

"算不出来你别想拿到糖。"

花花气得发抖。这时罗克拍了拍花花的肩，安慰她说："这道题很容易，你可以得到12颗飞天糖。"

糖果婆婆难以置信地问罗克："你是怎么算出来的？""你们听好了，因为花花一枪就把所有的气球打破了，其中击中1个红色气球可以得到1颗飞天糖。击中5个黄色气球可以得到1颗飞天糖，那么击中25个黄色气球可以得到5颗飞天糖。击中4个蓝色气球可以得到1颗飞天糖，剩下24个蓝色气球全部击中，一共可以得到6颗飞天糖。这样加起来就是12颗飞天糖。"

花花听完，崇拜地说："罗克，你真厉害！"说着伸手向糖果婆婆要糖，结果一转身却发现糖果婆婆不见了。他们抬头一看，原来糖果婆婆吃了飞天糖，飞到天上去了。

罗克生气地喊道："糖果婆婆，你怎么能说话不算数呢？"糖果婆婆在天上得意地说："想要飞天糖，来追我呀！"

看着糖果婆婆离去的背影，花花哭着喊道："我的飞天糖！"

找准题目中的条件

计算飞天糖的数目并不难，只是题目条件比较多，看起来比较复杂。解决这类问题的关键是找准题目中的条件，找出隐含条件，排除多余条件，这样后面的问题就迎刃而解了。

例 题

一个木板上有50个气球，中间有1个红色气球，射中可以得到一颗飞天糖。黄色气球有25个，射中5个才能得到一颗飞天糖，剩下的蓝色气球，要射中4个才能得到一颗飞天糖。射中所有气球一共能得到几颗飞天糖？

方法点拨

第一步很重要，首先要根据已知条件算出有多少个蓝色气球。蓝色气球有50−1−25=24（个）。

由于板上的气球被全部射中，射中1个红色气球可得1颗糖，射中25个黄色气球可得25÷5=5（颗）糖，射中24个蓝色气球可得24÷4=6（颗）糖，所以一共可得1+5+6=12（颗）糖。

牛刀小试

花花在荒岛公园新买了一个吹泡泡的玩具，每分钟吹一次，每次恰好能吹出1000个泡泡。泡泡吹出后，经过1分钟破了一半，经过2分钟还有5%没有破，经过3分钟刚好全部破了。花花吹了10次后，还有多少个泡泡没有破？

5 父女的约定

被糖果婆婆骗了的花花在街上号啕大哭，眼角像打开的水龙头一样"哗哗"地流着泪水。

王宫里，国王正躺在床上敷着面膜，一旁的加、减、乘、除在给他扇风、按摩、

唱歌。突然，国王仿佛被电击了一般跳了起来，他迅速撕下面膜，惊恐地大喊："我的女儿！我的女儿在哭！"然后仓皇地跑了出去。

马路上，行人纷纷扭头看着这个号啕大哭的小女生。国王一路跑过来，抱起花花，心疼地问："我的宝贝女儿，谁欺负你了？"

花花收起眼泪，委屈地对国王说："糖果婆婆骗了我，她欠我好多好多颗飞天糖。"国王听完皱着眉头，不开心地说："又是糖果婆婆！爸爸下次一定找她要回500颗飞天糖。"

花花听后并不满意，仍在国王的怀里大吵大闹。国王被踢得生疼，只好放下花花。岂料花花开始在地上打起滚来。

国王看着花花说："不如这样，爸爸给你表演个节目逗你开心。"花花听了，睁大眼睛看着国王，好奇地问："爸爸会表演什

么呢？"国王见女儿忘记了刚才的事情，伸出手对花花说："等会儿你就知道了。"花花牵着国王的手，对国王说："爸爸，你可不能骗我。"国王伸出手发誓说："放心，父母是不会骗小孩子的。"

罗克和小强继续逛着，突然一块手帕从天边飞来，盖在小强脸上。罗克看到这块熟悉的手帕，吓得一激灵，撒腿就往回跑。小强刚把手帕拿下来，又被急速跑过去追罗克的依依和UBIQ撞得晕头转向。

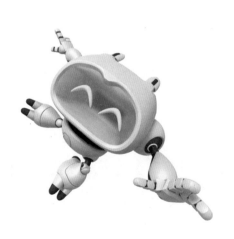

找"不一样"的药丸

如果糖果婆婆将飞天糖给花花,花花如何判断真假呢?这就需要花花仔细对比、观察,找出其中的不同。数学中也有这类"找'不一样'问题"。这类问题种类繁多,往往富有思考性和趣味性,解决这类问题需要精巧构思,具体问题具体分析。

例 题

有5个装药丸的罐子,每粒药丸都有一定的重量,每粒被污染的药丸比没被污染的药丸重1毫克。只称量一次,你能判断出是哪个罐子的药被污染了吗?

方法点拨

先给装药的罐子分别编号为1号、2号、3号、4号、5号,然后从1号罐取1丸,2号罐取2丸,3

号罐取3丸，4号罐取4丸，5号罐取5丸。称量这15个药丸，比正常重量重几毫克就是几号罐的药有问题。

牛刀小试

有100个零件，分装成10袋，每袋装10个，其中9袋里面装的零件每个重50克，另外一袋里面每个零件都是49克。这10袋混在一起，你能只称一次，就把装重49克零件的那一袋找出来吗？

大变Milk

不知何时，广场上支起了一个大舞台，路过的行人都投以好奇的目光，想知道这么大的舞台将会上演什么节目。

舞台上，校长穿着一身魔术师的衣服，旁边的Milk正在摆弄调音台。校长看向Milk，看到Milk对他比画了一个"OK"的手势，便点点头，对着麦克风清了清嗓子。周围的人听到声音，都呼朋引伴地赶了过来。

观众在舞台前围成了一道人墙。校长看到有这么多观众，得意地笑了笑，拿起麦克风说："大家好！今天……"校长突然发现

声音不太对，像是滑稽小丑的声音，他赶紧停住。台下的观众被逗得哈哈大笑。这时罗克从人群中钻了出来，站到了第一排。

校长生气地看着正在调音的Milk，催促他赶紧调好声音。Milk手忙脚乱，不知道该怎么调，乱按一通后笑着对校长比了一个"OK"的手势。校长点点头，重新拿起麦克风，说道："女士们，先生们！欢迎来……"说着说着，他的声音变得越来越浑厚，到最后整个声音都变了。台下的观众听了，笑得直不起腰来。

校长涨红了脸，跑到Milk面前，指着他说："Milk，你这个毛手毛脚的家伙，调个音都不会！"Milk委屈地搓着手，小声嘀咕道："为什么说我毛手毛脚？有本事你来调啊！"校长拍拍胸脯说："你看好了！"

只见校长举起调音台往地上连摔三下，然后试了试音，感觉刚刚好，于是对Milk说："知道我的厉害了吧！"Milk在一旁看

着，十分心疼调音台，但又不敢说什么，便敷衍地说："是是是，你厉害你厉害。"

Milk看到校长生气地拿出能控制自己的遥控器，赶紧说："校长的调音方法简单明了又富有创意，实在是太厉害了！"校长收起遥控器，"哼"了一声，跑回舞台中央。

见舞台下的观众早已等得不耐烦了，校长赶紧拿起麦克风对大家说："接下来，你们将见证一个奇迹！"吵闹的观众听到这个消息，马上安静了下来，全都睁大了眼睛看着校长。校长满意地点点头，继续说："接下来，有请我的得力助手——Milk！"

Milk艰难地抱着一个大铁柜子从舞台后面走了出来，走到校长身边时，重心有点不稳，"哐当"一声，铁柜子砸落下来，差点就砸到校长。校长吓得像失了魂一样。台下的观众看到这么大的阵势，自发地鼓起掌来。

校长听到掌声，回过神来，对Milk

说："Milk，我要把你瞬间转移到舞台的对面。"Milk兴奋地说："是吗？好神奇！"校长拍了拍铁柜子，说："不过你要先进入这个柜子。"Milk一脸不情愿地看着柜子说："为什么？这个柜子好小啊！"

校长轻轻拍了Milk两下，示意他把脑袋靠近点。Milk伸过头来，校长悄悄地对他说："等下你进入柜子后，就立即隐身，等我打开柜子时，你马上跑到舞台对面去。"

Milk听完很纳闷："你不是会瞬间转移吗？为什么还要让我跑啊？"校长跳起来拍了一下Milk的脑袋，说："笨蛋！魔术都是取巧的把戏，你懂不懂啊！"Milk不太认同地摇摇头，问："你为什么要骗人？"

校长没有耐心给Milk解释了，便拿出遥控器挥了挥。Milk连忙投降，乖乖地钻进柜子。校长关上柜子，对着柜子做了几个复杂的手势，然后将柜子转了几圈。等他将柜子打开时，里面已经空无一人。

"Milk不见了！"观众看着这神奇的表演，纷纷惊叹道。

信息技术中的数学问题

信息时代，信息技术与数学知识融合的问题将是数学考试和竞赛中的一道亮丽风景。解决这类问题的关键是读懂题目，厘清程序，找到数学知识与其内在的联系。大多数情况下，可以将其转化为普通的数学问题，如四则计算问题、方程问题、字母表示数的代数问题、找规律问题等。

例　题

罗克在电脑上编了一种数学游戏：任意输入一个大于0的自然数，则输出数是输入数的5倍多1，然后输出的数自动再次输入……如此反复进行。若第一次输入的数是1，输出数据中第一个超出500的数是多少？

输入1，输出1×5+1=6

输入6，输出6×5+1=31

输入31，输出31×5+1=156

输入156，输出156×5+1=781

781＞500，所以输出数据中第一个大于500的

数是781。

牛刀小试

国王设计了一个计算机程序，说是送给花花的生日礼物。程序内容是：输入一个数，则输出的数是输入的数乘以5再减去某个神奇的数的2倍。花花试着输入10，结果输出36。你知道这个神奇的数是多少吗？这个神奇的数与花花有关系吗？

罗克去哪了

　　隐身中的Milk向观众的后方跑去，途中看到人群中有人正拿着冰激凌……

　　一个小孩子"哇"的一声大叫起来："妈妈！我的冰激凌不见了！"可惜这时大家都在讨论校长把Milk变到哪里去了，小孩子的哭声很快就被现场嘈杂的声音淹没了。

　　一位观众好奇地问校长："您把Milk变哪去了？"校长在台上做了一个肃静的手势，台下慢慢安静下来。校长看下面的观众都在用期待的眼神看着他，得意地说："既然大家这么期待，那我就不卖关子了——

Milk就在大家的身后！"

观众"哗"地一下齐齐向后看去，Milk果然在观众后面向大家挥手。大家惊叹不已，纷纷鼓掌欢呼。罗克也回过头，不过他不仅看到了Milk，还看到了另一张熟悉的脸——依依正在人群后面生气地寻找罗克。罗克赶紧蹲下身来，心想：她怎么总能找到我啊？

校长顿了顿，继续说："现在，我要请一位现场观众来参与这个魔术，让他去任何想去的地方！"

台下的观众听到后欢呼起来，小朋友们担心校长看不到自己，都跳起来举手。校长看着激动的观众，心中很是得意。他再次做了一个肃静的手势，让观众按捺住心中的激动听他讲接下来选谁。"好像选谁都不公平，不如这样吧，我作为数学博士，出一道数学题目，最先做对的观众就可以来参与魔术。"台下观众纷纷竖起耳朵，用心听题。

"题目是这样的：我的衣服有两个口袋，左口袋里装有3个小球，右口袋里装有4个小球，所有的小球颜色都不相同。如果我从两个口袋中各取一个小球，有多少种不同的颜色搭配？"

说完校长叉着腰，看着下面苦思冥想的观众。突然一个熟悉的声音响起："我会做！"校长看去，果然是罗克。

见罗克向台上走去，UBIQ飞快地伸长手臂拽住他。

"UBIQ，你快松手，我要上去答题，好参与魔术！"罗克着急地说。

UBIQ跳起来挥挥手，比画了几下，"哔哔"叫了几声。罗克安慰它说："你放心吧，魔术很安全，刚刚Milk都表演过了，我要是被依依抓到了更危险。"这时罗克看到后面的依依举着手帕正往这边挤来，连忙把UBIQ推到一边，跑上舞台。依依眼看着罗克站在台上，自己又不好意思上台，气得直跺脚。罗克看到依依气急败坏的表情，开心地比了一个胜利的手势。

　　校长见罗克上了台，决定再活跃一下现场气氛，便说："请大家给罗克多一些鼓励的掌声！"台下再次响起掌声。校长见现场气氛已达到自己想要的效果，满意地说："罗克，请说出你的答案。"罗克自信地说："答案是12种。因为所有的小球颜色都不相同，所以从左口袋任意拿出一个小球都可以和右口袋的4个小球分别组成4种不同的颜色搭配，由此类推可得3×4=12（种）颜色搭配。"

听完答案，大家纷纷鼓掌。校长对台下的观众说："罗克答对了，那么就由他来参与魔术了。"

校长打开柜子，问罗克："你想去哪里呢？"罗克想了想说："火星！"校长听到这样不切实际的回答后面无表情地看着罗克。罗克赶紧说："火星不行啊？那可以送我回家吗？"

依依在台下大喊："罗克！你回到家我也要把你揪回来！"

"你确定要回家吗？"校长跟罗克确认。罗克赶紧回答："不了，不回家。"校长催促道："你赶紧做决定。"罗克一时也想不到什么藏身的好地方，于是对校长说："我也不知道去哪里，你赶紧把我送走就行。"

校长说："随便我？"

罗克点点头。不料校长突然从口袋里摸出一根绳子将罗克绑了起来。还没等罗克反

应过来，校长就把他往柜子里面一推，关上了柜门。

罗克在里面大叫："校长，你要送我去哪里？"校长阴险一笑，说："待会儿你就知道了！"说完，校长把柜子转了几圈。

台下观众没有听到这段对话，还在等待校长表演魔术。

校长又做了几个浮夸的手势，然后问大家："你们猜猜罗克还在里面吗？"大家都屏气凝神，等待校长揭晓答案。校长打开柜门，里面果然空无一人。

一旁的依依隐约感觉到了什么，她冲上台问校长："你把罗克弄到哪里去了？"校长得意地说："当然是他想去的地方了！"

图表法学搭配

　　校长从两个口袋中各取出一个颜色不同的小球可以组成多少种颜色搭配，属于搭配问题。可先确定一种物体，有序、有条理地进行搭配，做到不重复、不遗漏。

例　题

　　校长的衣服有两个口袋，左口袋里装有3个小球，右口袋里装有4个小球，所有的小球颜色都不相同。如果校长从两个口袋中各取一个小球，有多少种不同的颜色搭配？

方法点拨

　　由于每个小球颜色都不相同，左边口袋里的3个小球分别用A、B、C表示，右边口袋里的4个小球分别标记为a、b、c、d，得出如下表格：

×	球a	球b	球c	球d
球A	Aa	Ab	Ac	Ad
球B	Ba	Bb	Bc	Bd
球C	Ca	Cb	Cc	Cd

从表格来看，A、B、C3个球可以分别与a、b、c、d4个球搭配，所以一共有3×4=12（种）不同的颜色搭配。

牛刀小试

从甲地到乙地有5条路，从乙地到丙地有3条路，那么从甲地经过乙地到达丙地共有多少种不同的路线？你能画图演示一下吗？

53

罗克搜救队

校长没有再搭理依依，而是对台下的观众说："好了，接下来有请这个游乐场的主人——国王出场，他将与侍卫们一起为大家带来精彩的舞蹈！"报完幕，校长鞠了一个躬，走下舞台。

舞台的帷幕揭开，国王和加、减、乘、除已经在幕后等候多时了。国王拿起话筒对大家说："接下来，是我送给我女儿花花的节目——荒岛飞天秀！"

说完，五人便开始表演。他们快速用力地踏着双脚，随着音乐旋律踏出一阵阵脚

步声。众人看得乏味，盼着他们能秀出新花样。这时，乘突然一下分成四个一模一样的分身，像芭蕾舞里的四小天鹅一样手挽手一起踏出整齐的声音；加深吸气，肚子慢慢变大，整个人膨胀起来，踏出浑厚的脚步声；减倒立起来，双手撑着地面，双腿变得又细又长，盘起来变成一个弹弓；加背着缩成一个小球的除坐到"弹弓"上，乘使劲一拉一放，加和除被"嗖"的一声弹向了天空。

做了一系列高难度翻滚动作后，除抓着

像热气球一样的加稳稳降落。

众人看着加、减、乘、除的神奇能力，惊叹连连，现场爆发出雷鸣般的掌声。

音乐到达高潮的时候，加、减、乘、除跳着踢踏舞围成一圈，簇拥着国王。国王跟着节奏一跃而起。观众目不转睛地等着看国王有什么更加神奇的表演。结果国王落地时脚下一空，从舞台上掉了下去。

观众哈哈大笑，后台的花花赶紧跑上去找爸爸，只见国王从舞台地板下面钻了出来。原来地板上有一个活门，国王落地时用力过猛，踏坏了活门的卡扣，这才掉了下去。国王生气地问："是谁这么缺德，故意让我出丑！"

台下的依依突然想到了什么，赶紧跑上台对国王说："不好了，罗克被校长绑走了！"

校长表演魔术的时候，国王等人在后台，并不知道舞台上发生了什么。听完依依这句没头没脑的话，他们一脸疑惑。依依知道他们没明白，更加着急了："一会儿在路上给你们解释，我们先去追！"说完依依便从活门跳了下去。国王等人虽然不知道发生了什么，但是看到依依那么着急，也跟着跳了下去，只留下一群不明所以的观众。

校长和Milk抬着箱子走了一段路后将箱子放下，校长捶了捶腰，Milk擦了擦汗。校长把箱子打开，见里面被五花大绑的罗克正害怕地蜷缩着，于是说："你放心，我不会把你怎么样的。等过几天答完了愿望之码的题目，我就把你放出去。"说完，校长得意地大笑起来。

罗克问校长："你怎么这么肯定我会上台？万一我不上台呢？"校长轻蔑地看着罗克说："我就猜到国王会给你安排任务，而你一定会偷懒，所以我这个节目就是特意为你准备的！是不是很感动啊？"

罗克又问："那万一我没偷懒呢？"校

长笑了一下，说："你要是没偷懒，我就不会让观众上台了呀，笨！"校长说完，把箱子盖上，回过头对Milk说："歇好了就走，后面还有很长一段路呢！"

荒岛一行人和UBIQ从舞台地下室走出来，找了一圈也没有找到罗克和校长。正当众人不知所措的时候，依依突然问UBIQ："UBIQ，你知道哪里有废弃仓库吗？"UBIQ想了想，然后挥挥手叫大家跟上他。国王托着下巴说："嗯，废弃仓库，确实很有可能！前两天看的电影里演的就是绑匪将别人关在那里面！"众人一听，连忙跟着UBIQ向废弃仓库跑去。

校长和Milk果然来到一个仓库里，并且早已在里面准备了一个大笼子。校长把罗克从箱子里抱出来，给他解了绑，然后把他关进笼子里，说："你就在这好好待着，我们会每天给你送饭。当然，你扯破嗓子喊救命也行，反正这里是荒郊野岭，不会有人来救

你的。"校长说完又仔细品了品这句话，电影里的这句台词真是太帅气了，他当时特意模仿了好几遍。

罗克现在满心后悔，想着要是不偷懒就什么事情都没有了。校长看了看没精打采的罗克，转身对Milk说："我们回去吧。"Milk看了罗克一眼，不安地问校长："我们这么做是不是有点儿过分了？"校长一听急了，又不知道该说什么，于是拿出遥控器关了Milk的声音。

罗克一个人待在笼子里睡着了，迷迷糊糊中听到依依在叫他，他吓得大喊："哇！我没有偷懒啊！"罗克猛然惊醒，看到荒岛一行人在笼子外。

罗克惊讶地问："你们是怎么找过来的？"依依得意地说："哼哼，你偷懒躲到哪里我都能找到！"花花在一旁补充说："这就是女生的直觉！"

罗克听了不好意思地说："对不起依

依，今天是我不对，我不该偷懒的。"UBIQ在旁边跺了跺脚，罗克又对UBIQ说："还有，我应该听UBIQ的话，世界上根本就没有什么魔术。"

大家眉开眼笑。突然，国王说："我们还是赶紧先把罗克救出来吧。"大家这才想起罗克还被关在里面。小强担心地说："笼子的钥匙肯定在校长手上，这可怎么办啊？"众人一听失落了。罗克自信地说："别担心，校长是个非常自恋的数学博士，这个笼子的锁应该也是一道数学题。"众人找了找，果然找到了控制笼子的电子锁。

只见锁上有一个九宫格，电子屏幕上写着："请在九宫格中填入1到9，每个数字只能用一次，使其成为一个幻方。"

荒岛一行人看着题目陷入了沉思。后面的罗克看不到题目，不明白大家为什么陷入了沉默。依依问："罗克，什么是幻方啊？"罗克这才明白，原来这些人连题目都看不懂。罗克无奈地说："幻方就是将数字安排在正方形格子中，使每行、每列和每条对角线上的数字之和都相等。"

荒岛一行人听了罗克的解释，都点点头。国王说："我明白了，这题我做不出来。"罗克无奈地说："你早点拿过来给我做不就好了。"

国王把电子锁拿给罗克。罗克看完题目后想了一会，然后按了几个数字，笼子的门"咔嚓"一声就打开了，罗克一脸自豪地从里面走了出来。国王问罗克："你填的是什么数字？"罗克把手中的电子锁递给国王。

国王掰着手指头验证了一遍，抬起头，发现大家已经走了出去。国王赶紧追上去，说："等等我啊，花花，连

你都不等爸爸。"花花走在前面说："哼，大人都是骗子。"然后停下来回头看着国王，"不过这次游园会我还是挺开心的。"国王听了顿时笑开了花，抱起花花把她举了起来。

校长提着一个粉色小兔子饭盒回到仓库，来到笼子前，发现笼子的门是开着的。"狡猾的罗克！"校长生气地大喊着，把手里的饭盒扔在了地上。他看着洒出来的饭，又突然感到一阵心疼，这种矛盾的心理让他更加难受了。

幻方

把 $n \times n$ 个自然数排在正方形的格子中，使各行、各列以及对角线上的各数之和都相等，这样的图叫作幻方。最简单的幻方是三级幻方，每行、每列、每条对角线上各数的和都相等，这个和叫作幻和。解决这种问题时，除了一点点试，还有一些技巧，比如：填数时通常先算幻和，幻和=中间数×3。与中间数对应的上下、左右、对角的两个数字的和=中间数×2。

例 题

请在图中的九宫格中填入1到9，每个数字只能用一次，使其成为一个幻方。

由于幻方是1到9全部用一次，我们可以先将1到9相加，可得1+2+3+4+5+6+7+8+9=45。由于每一行只有3个数字，我们加了9个数，而每行、每列之和是一样的，所以45是每行之和的3倍，我们可以算出每行的和是15。接下来我们算出中心数为5。奇数加偶数不会等于偶数，所以每行、每列和每条对角线上相对的字母的奇偶性相同：

偶	奇	偶
奇	5	奇
偶	奇	偶

做到这一步，我们只需要确定四角的偶数，剩下的奇数就可以计算出来了：

8	1	6
3	5	7
4	9	2

当然，除了这个答案，还有其他填法，你可以算出来吗？

2	7	6
9	5	1
4	3	8

牛刀小试

把2、3、4、5、6、7、8、9、10这九个数填到九个方格中，使每行、每列以及对角线上的各数之和都相等。

自讨苦吃

周末，依依正一个人在城堡里跳着舞，这是她最近的新兴趣。"女生想要身材好，平时跳舞少不了。"上周末，她对罗克这样说。然而罗克并不能理解女生的这些想法，依依也懒得跟他解释，就自顾自地跳了起来。如今已经过了一个星期，依依仍然对自己的舞蹈天赋充满了自信。

这天，城堡门刚一打开，罗克就拿着一张海报和小强一起走了进来。依依没有被他们所影响，依然沉浸在自己的舞蹈中。

罗克看着依依，偷笑着问："依依，

你怎么老是围着城堡转圈？像个陀螺一样……"话音未落，依依的手帕就已经飞到了罗克的脸上。

小强在一旁看着吃瘪的罗克，感叹道："罗克，你真的是一点求生欲都没有啊。"

罗克把手帕拿下来，对依依说："依依，你是不是很喜欢跳舞？"依依一边跳一边说："是啊，怎么了？"罗克又说："那你对自己的舞蹈天赋有没有自信？"

依依听到罗克接二连三地问自己关于舞蹈的事情，便停下来看着罗克，一脸警惕地说："问这些干什么？你又在打什么坏主意？"罗克嬉笑着说："也不是什么坏事，

下周有一个'达力杯'舞蹈大赛，我想着你这么喜欢跳舞，又有实力，应该去证明一下自己啊！"

依依扭头说："不去，我就自己跳一跳，又不给谁看。"罗克故意逗她说："你是不是怕输呀？"依依不屑地说："我有什么好怕的，只是不想去而已。"罗克假装很遗憾地说："唉，太遗憾了，冠军可是能拿到一万元奖金的，这笔钱拿来买点什么不好啊。"

依依听了，顿时有点心动了。罗克赶紧添油加醋地说："算了，小强，我们还是去找花花吧，还是她比较专业。"

听完罗克的话，小强一脸害怕地看着他，紧张地说："罗克，你真是不长记性。"罗克感到有点不妙，赶紧缩了一下脖子。一条手帕从他头上掠过，打在了城堡墙壁上，墙上竟出现了一丝裂痕。罗克往后面看去，依依正微笑着看着他，一字一顿地

问："你说谁比较专业？"

"当然是我比较专业了！"花花从楼上下来，对依依说，"我可是公主，跳舞对我来说就是家常便饭。"

"要不你们去赛场上比一比？"罗克在旁边看热闹不嫌事大。

依依马上说："比就比。"

"你叫我去我就去？我得先占卜一下。"说着，花花开始撕花瓣，结果撕到最后一片花瓣是"不去"。花花把花往地上一扔，生气地说："不要！我去，我偏要去！"

"海报给我看看。"依依伸过手来，罗克赶紧把海报递给依依。依依仔细看了看上面的信息："这上面说，舞蹈大赛起码要两人组队才能参加啊。"小强一听，赶紧躲到沙发后面。依依抬头一看，发现罗克已经在城堡门口了。

正准备溜走的罗克感到身后有人抓着

他，一回头，看到依依正在狞笑。依依故作温柔地问："罗克，你愿不愿意做我的舞伴呀？"还没等罗克开口，依依就用手帕一把捂住了他的脸，只听到罗克"呜呜呜"地叫着。依依说："哦？不说话那就是默认咯？"

后面的小强看得牙齿都在打战，忽然感觉背后凉飕飕的，一回头，发现花花正在他身后狞笑。

花花正准备抓住小强，突然背后响起一阵吉他声。回头一看，原来是国王和加、减、乘、除扭着腰走了进来。国王一个原地旋转，停下来把手伸向花花，说："花花，要不你就选爸爸吧。"

"不要。"

国王难以置信地看着花花，问："为什么？难道我的水平还不如小强？"花花摇摇头，嫌弃地看着国王说："不，你的音乐太吵了，我喜欢安静的舞蹈。"

花花的话仿佛一道晴天霹雳，国王一时无法接受，"哇"的一下哭出声来。他挥挥手示意加、减、乘、除说："送我离开这个伤心的地方！"乘疑惑地问国王："您想去哪儿？"国王哭着说："越远越好！卧室！床上！"乘听完分身变成四个，抬着国王回卧室去了。

依依抓着罗克，花花抓着小强，两位要强的女生自信地看着彼此。而罗克和小强可怜巴巴地互相看着，各自叹了一口气：真是自讨苦吃！

校长的家中，校长正躺在椅子上看着Milk带回来的海报。"'达力杯'舞蹈大赛？奖金……一万元？"校长看着海报上的数字流了口水。Milk在一旁看到校长的样子，好奇地问："海报很好吃吗？"

校长面无表情地看着Milk。以前他可

能还会去解答Milk的问题，现在他发现以人类有限的生命是无法满足Milk无限的求知欲的。

　　"总之，我要参加这个比赛，赢得一万元奖金，这样我就有更多的资金了。"校长满脸期待，Milk斜了他一眼，问："你都这么老了，还跳得动吗？"

　　"你给我看好了！"说完，校长弯着腰扭动着，扭着扭着突然僵住了，空气仿佛凝固了一样。Milk看到这一幕，拼命忍住不笑。

　　校长捶着腰，好不容易缓过来，坐回椅子上，看着海报说："这上面写着还得找个舞伴啊。"

　　Milk听到后跳起来，在空中连转三圈脚尖落地，然后踮着脚踩着小碎步，试图引起校长的注意。

　　校长正在专心致志地想舞伴的事情。他平时习惯了一个人解决所有问题，这突然要

找个舞伴，要上哪找呢？他见Milk在眼前晃来晃去，于是问道："Milk，你晃来晃去干什么呢？""跳舞啊！你不是要找舞伴吗？在数学星球里我跳舞也是一把好手！"校长听完冷笑一声说："噢，我还是找一根拐杖当舞伴吧。"

最不利原则

要保证完成某一个任务，必须考虑最不利条件，只有最不利条件下也能实现，这个任务才一定能完成，这就是数学中的"最不利原则"。

例 题

校长和9个人去参加舞会。舞会组织者会给每人配备1个舞伴，此外参加舞会的人可再邀请在场的其他人做自己的舞伴，受到邀请的人可拒绝邀请，也可同时答应做多个人的舞伴，最后舞伴数目最多的人评选为舞会最受欢迎的人，舞伴数目相同的人为同类人。校长一定能找到舞伴数目和他相同的人吗？

方法点拨

本题先确定舞伴数量可能出现的情况，有些

75

人缘差的，自己一个舞伴也找不到，只有组织者配备的1个舞伴；有些人除了组织者配备的舞伴外，其他人也答应做其舞伴，所以他们10个人有舞伴的情况为：有1个舞伴，有2个舞伴，3个，4个，5个……9个舞伴，共9种情况。从最不利于校长找到同类人的情况考虑，前面9个人分别是不同的9种情况。10÷9＝1……1，10个人中至少有1个人和其他9人中的某个人舞伴数目相同，但不能确定这个人就是校长。

牛刀小试

　　把红、黄两种颜色的球各6个放到一个袋子里，任意取出5个，可以保证至少有多少个是同色的？

大家的秘密武器

从决定参赛到现在过去了两天，大家都在紧锣密鼓地准备着。

一上午的练习刚结束，罗克整个脸都凹了进去，帽子也戴歪了。他在去厕所的路上迎面碰到了小强，两人自从开始训练以来就很少碰面了。用依依和花花的话说就是不能提前暴露自己的舞蹈。

罗克对小强打着招呼："哟，小强，你也休息了啊？"小强呆呆地傻笑着说："嘿嘿，是啊，小强。"罗克担心地问他："你没事吧？"小强眼睛都不眨一下，说："没

事，小强不用担心我。"罗克目瞪口呆，简直无法想象这几天小强受到了怎样的待遇。

回到房间，依依看着罗克，突然问道："你是不是瘦了太多了？"罗克感叹道："你终于良心发现了啊！""我永远都不会良心发现，因为我一直都有良心！"依依故作神秘地说，"我在网上找了一个健身食谱，你按这上面的营养搭配来饮食，一定会变成我梦寐以求的型男舞伴！"罗克听后一阵眩晕，感觉又会有不好的事情发生在自己身上。

"菜单上说，食物的总重量是160克，肉的重量是100克，肉的重量是蔬菜的2倍，蔬菜会蒸发其重量十分之一的水分，水分蒸发的重量和盐的重量是一样的，油和糖的重量是一样的，油的重量是醋的2倍……"依依看完这一长串菜单，忍不住吐槽，"等一下，为什么菜单会是数学题啊？"

"听起来好像很丰盛的样子，我来算下

各种材料各需要多少吧！"罗克听完，顿时来了精神，开始认真思考了起来，依依在旁边一边等一边练着舞步。10分钟过去了，罗克还在思考。依依看着罗克，心想：这题居然这么难，连罗克都要思考那么久。

又过去了10分钟，罗克还是没算出来。依依怀疑罗克是在故意偷懒，她大喊一声："罗克！"罗克吓了一跳，回道："你干吗？我差点就做出来了，被你一吓又得重新做。"

依依感觉自己被当成了傻瓜，憋着怒气对罗克说："是吗？那你可得好好想想，再给你5分钟，如果还算不出来，今天干脆别吃饭了！"罗克听后，顿时像泄了气的皮球：看来自己的偷懒计划被识破了。

"5分钟到了，算出来了吗？"依依问。罗克沮丧地回答道："算出来了，答案是：糖4克，盐5克，油4克，醋2克，蔬菜50克，肉100克。"

依依听完笑着说："算得挺快嘛，那我们继续练习吧！"

校长的实验室里，校长手上拿着一只舞鞋，正在拧着螺丝。

Milk走进来看到校长手里的舞鞋，问："你这是在干什么？"校长拿起舞鞋晃了晃，说："这就是现代科学技术与传统艺术的结合，人类的智慧与美的结晶！"

"噢！你又在吹捧自己了。"见校长拿出了遥控器，Milk立刻一脸严肃地说，"不愧是校长，校长发明，必是精品。"见校长收起了遥控器，Milk擦了一把冷汗。

校长问："你觉得这是什么？"Milk仔细打量了一下这只舞鞋，对校长说："这不就是普通的舞鞋吗？"校长摇摇手指头，得意地说："不不不，这是全自动舞鞋，穿上它，哪怕你不会跳舞，也能跳出动人的舞蹈。因为我在里面加了一张储存卡，它最多可以储存六种舞蹈！但是要注意每次只能选择其中一种。"

校长说完，从旁边抽屉里拿出一双更大的鞋子给Milk，说："你穿上试试，看看效果怎么样。"

Milk一脸感动地对校长说："还有我的啊？"校长无奈地说："没办法，我实在找不到别的舞伴了。"

Milk穿上舞鞋，按下一个按键，鞋子震动了一下，开始自主地动起来。Milk跟着舞鞋的节奏，情不自禁地挥着手做着各种动作，就像一个专业的舞者一样。

校长在旁边看着，自豪地说："怎么样？"Milk笑得合不拢嘴，说："太神奇了，我爱上跳舞了！"校长满心欢喜，心里想着：有了这两双鞋，冠军一定是我们的了。

巧用数量关系

有些看似复杂的问题实际上是一些非常简单的数量关系的变形。试一试，你可以从基本的数量关系中找到突破口吗？

常见的数量关系有：

部分量+部分量=总量

每份数×份数=总数

大数−小数=相差数

被除数÷除数=商……余数

例 题

已知食物的总重量是160克，肉的重量是100克，肉的重量是蔬菜的2倍，蔬菜会蒸发其重量十分之一的水分，水分蒸发的重量和盐的重量是一样的，油和糖的重量是一样的，油的重量是醋的2倍，请问各种材料各需要多少？

首先已知肉的重量，那么和肉的重量有关的蔬菜重量可以算出来是100÷2=50（克）。蔬菜会蒸发其重量十分之一的水分，蒸发的水分的重量就是50÷10=5（克），盐的重量和蒸发的水分的重量是一样的，盐的重量就是5克。食物的总重量是160克，那么剩下的油、糖、醋的重量之和是160-100-（50-5）-5=10（克）。我们设醋的重量是x克，那么油就是$2x$克，糖也是$2x$克，$5x=10$，$x=2$，所以醋是2克，油是4克，糖是4克，各种材料的重量就计算出来了。

牛刀小试

把26个梨和34个苹果平均分给小朋友们，分完后梨剩下2个，而苹果还缺2个，最多共有多少个小朋友？

MJ之舞

又过去了两天，距离比赛还有三天。今天是愿望之码出题的日子，虽然大家都在紧张地排练舞蹈，但是这么重要的事情当然不会忘记。大家一大早便聚集在广场上，等着愿望之码出题。

罗克经过几天魔鬼式的训练，已经练就了站着也能睡觉，能睡一分钟就睡一分钟的本领，而小强则还是一副精神错乱的样子。校长看着他们的状态，心里琢磨着：这群小孩子在搞什么把戏？

钟声响起，愿望之码飘了出来。

"算一算，想一想，实现愿望靠自己。如果你们想把愿望变成现实，请抢答数学题。"愿望之码似乎没有换台词的打算，"大家请听题：图片上有三个跳舞的小人，请问第三个小人的头上该填入什么数字呢？"

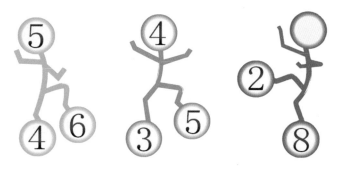

　　罗克睡得迷迷糊糊的，听到题目里的"跳舞"二字，突然惊醒："嗯？跳舞？不是做题吗？"依依见此，感到一阵头痛。

　　校长听到罗克的话，心中窃喜：这些小孩子一定也在准备参加舞蹈大赛，怕是最近练习舞蹈使得精神不正常了吧。想到这里，校长得意地对罗克说："罗克！你数学不是

很厉害吗？我让你先做！"

Milk赶紧拉住他说："你忘了上次他们入学时你也说过这话，后来怎么样了？"校长奇怪地问："你是怎么知道这事的？当时你还没来地球吧？"Milk吹着口哨假装没听见——偷看校长日记这事可不能被发现。

罗克揉了揉迷糊的双眼，看着愿望之码投影出的题目，傻笑一下说："这还用想吗？当然是3了！第一个人的头上是5，第二个是4，第三个可不就是3了吗？"

见愿望之码并没有回应自己，罗克疑惑地说："难道我做错了？不应该啊！"

校长笑着说："年轻人就是马虎，这一题的答案是5。"愿望之码亮出柔和的光芒回应校长："恭喜你答对了。"

校长昂着头告诉罗克他们："看好了，这一题不但要注意三个头的关系，还要注意到每个小人的整体，第一个人的头上是5，脚上是4和6，5＝（4+6）÷2；第二个人头上是4，脚上是3和5，4=（3+5）÷2，最后一个人的脚上是2和8，所以头上应该是（2+8）÷2=5。"

依依生气地质问罗克："你今天是怎么了？这么简单的题目都不会！"罗克委屈地说："都是平时训练太累了，我根本没有精神。"依依拿着手帕威胁罗克说："你还敢狡辩？"

这时，校长走过来对依依说："你错了，依依，充足的睡眠才是健康的保证。你看我一把年纪了，身体还这么硬朗，就是因为每天晚上都有一个好的睡眠。"

说完，校长转身对愿望之码说："愿望之码，我的愿望是学会迈克尔·杰克逊未公开的舞蹈。"

依依惊讶地问校长："难道你也要参加舞蹈大赛？"校长神气地说："那当然了，而且，这次冠军我志在必得！"

此时，愿望之码的光芒亮起："如你

所愿。"而校长突然像触电一样："哦？这是？"说完，校长开始跳了起来，但是舞步一点也不好看，看起来甚至非常别扭。

花花看着校长，问："这是什么呀？迈

克尔·杰克逊怎么会跳这么难看的舞？"罗克想了想，恍然大悟："说不定就是因为不好看，所以迈克尔·杰克逊没有公开这段舞蹈。"众人听了哈哈大笑起来，校长心里郁闷极了。

滑稽的数字舞步

虽然校长跳的舞步看上去很滑稽，但他的数学问题是有规律可循的。以前见过的找规律问题大多是一个数列或一列图形，其实找规律的问题形式还有很多，人们习惯于把数形结合找规律的问题统称为综合找规律问题。平时多注意练习"综合观察问题的图形结构和数字规律"，久而久之，你会培养出一种可以帮助你灵活运用方法做出数学判断和解决复杂问题的综合能力。

如图，图片上有三个跳舞的小人，请问第三个小人的脚上该填入什么数字呢？

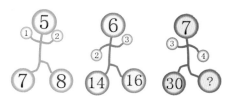

这一题不但要注意三个头之间的关系，还要注意到每个小人的整体。第一个小人头上的数字是5，脚上是7和8，手上的数字是1和2，5=（7+8）÷（1+2），第二个小人头上的数字是6，脚上是14和16，手上的数字是2和3，6=（14+16）÷（2+3），设最后一个小人脚上的数字是x，（30+x）÷（3+4）=7，x=19。这一题难度并不大，重要的是需要考虑到每一个数字的作用。

牛刀小试①

如下图，在第四个圆圈中的数字分别是（　　）

鬼故事接龙

第二天清晨，罗克从睡梦中醒来。因为这几天要练习舞蹈，罗克就在国王的城堡里住了下来。平时早上罗克都会被依依拉起来训练，但今天他居然睡到了自然醒。

"早上好。"罗克走到城堡大厅，睡眼惺忪地对依依打招呼。依依不耐烦地回道："你终于醒了，今天精神了吧？可不能再偷懒了。"罗克想起校长昨天说的话，突然对校长有了一丝好感。

太阳渐渐落下，一天的训练总算结束，花花和小强也从院子里回来了。

"后天就是舞蹈大赛了，明天就休息一天吧，免得受了伤，我们所有的努力就白费了。"依依建议说。

花花听了表示同意，小强听到明天可以休息，黯淡的眼神终于重新变得明朗，他激动地问："真的吗？太好了，终于可以休息了！"说完小强和罗克抱着哭了起来。

"今天难得大家都在，不如我们玩点什么吧。"依依提议道。花花立即响应："好啊好啊，我赞成，不过玩什么呢？"

"不如我们来讲鬼故事吧。"罗克说。

小强听到罗克的话，吓得跟见了鬼一样，连忙说："不……不好吧，我们能不能换一个游戏？"花花立刻打断小强，说："我觉得讲鬼故事挺好，不如我们来玩鬼故事接龙吧。"罗克附和道："好啊！讲不下去的人就一个人出去走一圈。"依依看向小强，发现他已经找好角落躲起来了。

"我先讲。从前，有一个废弃的古堡，

古堡的大门被重重的铁链锁死了。有一天，有四个小孩子去城堡探险……"罗克自顾自说了起来。

依依突然打断罗克，问："怎么跟我们的经历这么像？"罗克解释说："鬼故事嘛，当然有代入感比较好。"而旁边的小强已经把头摇得像拨浪鼓一样了。

依依接着说："这个好玩！四个小孩子打开了一条门缝，从门缝里钻了进去。里面明明已经很久没有人居住了，但蜡烛却还亮着。"

花花接着说："就在第四个人走进去之后，大门突然自己关上，蜡烛也全部熄灭了……"

花花刚说完，不料城堡的灯突然全灭了，讲鬼故事的三个人吓得一起尖叫起来。罗克停下来后发现好像少了一个人，赶紧找小强，发现小强就躺在他们旁边，双眼紧闭，不省人事。依依和花花担心地问："小

强怎么了？"罗克蹲下来把手靠近小强的鼻子感受了一下他的鼻息，说："没事，他只是吓晕过去了。"

这时，黑暗中突然传来"哐啷哐啷"的声音，三人吓得汗毛都立了起来。罗克对花花说："花花，你刚才可没讲这一段啊。"

花花害怕地说："难道城堡的盔甲复活了？"

依依扭过头问花花："城堡里还有盔甲？"

"哐啷"声越来越近，三人吓得屏住呼吸，紧紧盯着声音传来的地方。终于，声音的主人出现了——原来是UBIQ故意大声迈步吓唬他们。

"UBIQ！"三个人一起对着UBIQ大喊。UBIQ知道自己成功地吓到他们了，屏幕上显示出一个开心的笑脸。

　　罗克拍拍胸口，松了一口气："太好了，UBIQ可以帮我们打电筒，我们先去找国王吧。"花花担心地说："说起来，好像好久没有看到爸爸了。"罗克一脸轻松地说："没事的，国王只是戏份少了点儿。"

　　三人把小强抬到沙发上，向国王的房间走去。花花走到国王的房间门口，咽了咽口水，慢慢打开门，三人借着UBIQ的电筒朝国王的房间里面看了过去。

　　国王的房间里乱糟糟的，一个人都没有。

"可怕的" 牛吃草问题

对鬼故事，花花他们是又爱又怕。数学中的牛吃草问题对很多同学来说也是"可怕的"难题。牛一边在吃草一边又看到草噌噌噌地长出来，草的数量并不是固定的，而是均匀变化着的。那草地上的草能被吃完吗？吃多久才能吃完呢？这就需要我们具体问题具体分析了。

例 题

英国大数学家牛顿曾编过这样一道数学题：牧场上有一片青草，每天都生长得一样快，这片草地供给10头牛吃，可以吃22天，或者供给16头牛吃，可以吃10天，如果供给25头牛吃，可以吃几天？

解题环节有三步：

第一步，设每头牛每天的吃草量为1份。

第二步，求出单位面积每天的新长草量，这是最关键的一步。

第三步，用其中某一个条件求出牧场原有草量。

解答过程：设每头牛每天吃1份草。把10头牛22天吃的总量和16头牛10天吃的总量相比较：

$10 \times 22 = 220$（份）；$16 \times 10 = 160$（份）；$220 - 160 = 60$（份），这60份草是$22 - 10 = 12$（天）里多长出来的。然后求出这块牧场每天长的草量：$60 \div 12 = 5$（份）；再求出牧场原有草量：$220 - 22 \times 5 = 110$（份）。

问题是供给25头牛够吃几天，这里可设够25头牛吃x天。25头牛x天吃草量=牧场原有草量$+x$

天新长草量，即

$$25x = 110 + 5x$$

解得 $x = 5.5$

牛刀小试

有三块草地，面积分别是5公顷，15公顷，24公顷。三块草地上的草一样厚，而且长得一样快。第一块草地可供10头牛吃30天，第二块草地可供28头牛吃45天，问第三块草地可供多少头牛吃80天？

隐藏的铁门

国王的房间里，衣服扔了一地，书柜上的书也掉了好几本在地上，显然国王离开的时候很匆忙。罗克示意UBIQ照亮一点，借着UBIQ的灯光，罗克看到国王的桌子上有一个吃了一半的梨。罗克走过去拿起梨，发现被吃过的那一面已经开始氧化，但是整个水果还很饱满，像是不久前刚吃过的样子。

花花在一旁大哭起来。依依赶紧安慰她说："别哭了，国王不会有事的。"花花听了依依的话，哭得更厉害了。她抽噎着说："鬼故事里，以为不会出事的人最后都出事了。"

依依无奈地问罗克："罗克，你有什么头绪吗？"罗克看着桌上的梨说："从停电到我们过来不到十五分钟的时间，从梨的氧化程度来看，国王不像是停电后不见的，更像是停电以前，而且……"

花花听了赶紧问："而且什么？"

罗克突然一脸嫌弃地说："而且我怎么有种预感，这停电就是国王造成的。"

花花在旁边大叫："我不管，我不管，我要爸爸！"依依听了也说："不管怎么样，先找到国王吧。"

罗克继续观察周围，发现在床脚处有一点儿土。罗克走过去蹲下看着地上的土，又往四周看了看，周围什么都没有。他疑惑地说："房间里怎么会有土呢？"他用手捻了一下，土凉凉的，有点湿。

罗克站起来对两人说："我差不多已经猜到国王去哪了。你们看国王的房间里面有没有什么可疑的东西？"依依和花花四周看了看，没有发现什么可疑的东西。罗克摇摇头，对两人说："唉，你们太不了解国王了，这个房间里面最可疑的就是那个书柜啊！国王平时怎么可能会看书嘛！我要是国王，我宁愿在那边放一个梳妆台。"

花花生气地说："我爸爸才不是那种人！是不是啊，依依？"花花看向依依，发现依依正用一种微妙的眼神看着自己。

罗克继续说："所以这个书柜放在这里，肯定还有别的用处。"说完罗克走到书柜前对两人说，"地上的土是新鲜的土，今天外面没有下雨，如果是国王从外面带进来的，应该是干燥的、一捏就散的土。"罗克一边说一边看着书柜上面的书，杂乱的书堆里有一本非常整洁的书，这本书并没有像其

他书那样东倒西歪。"所以我猜测，这土应该是挖出来的。"

说着，罗克把那本书往外一抽，结果"咔嚓"一声，整个书柜平移到了一旁，露出一个铁门。依依和花花在后面看傻了眼。

罗克看向铁门，发现门上有几个可以活动的圆环，如下图所示：

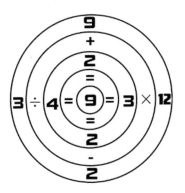

其中数字环可以转动。三人一起过来看着数字环认真思考，过了一会，罗克问UBIQ："你能做出来吗？"UBIQ挠了挠脑袋，摇摇头。罗克看着数字环说："不管怎么转都不能成立啊……啊！难道……"罗克说着将转盘转成这样：

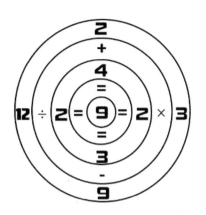

然后说："四个等式都等于6，然后……"他扭了扭中间的数字"9"，果然可以扭动，他将"9"倒过来，变成了这样：

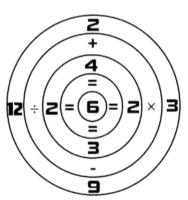

随后听到一声开锁声，门向里面打开

了。UBIQ向罗克竖了个大拇指，花花开心地说："罗克，你真聪明！"

　　UBIQ继续走在前面给大家照明，罗克一行人跟在后面，走在狭窄的隧道中。罗克惊叹道："这么深的隧道要挖多久啊？"花花自豪地说："乘可以变出好多好多个分身，这种隧道一天就能挖出来了。"罗克不由得羡慕国王有这四个仆人。

转动的数式谜

在进行四则混合运算的时候，运用运算定律、运算性质和运算符号等解决算式的计算，或者推算出竖式中某个数位上的数字，都属于"算式谜问题"。转动的算式谜问题，题面在圆盘上，因为有了转动而更灵活和有趣，试试看吧。

如图，其中数字环可以转动，转动圆环，使每个等式成立。

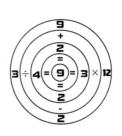

方法点拨

转动圆环时每一个数字都会跟着转动，所以每个圆环只有4种转法。小朋友们可以想象一下，或者动手制作一个圆环。实际上，这一题的重点是题干中所说的所有数字都可以转动，那么中间

的"9"转过来就是"6"，这样问题才能解决，
解得：

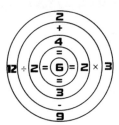

右图为数学荒岛
上一个藏宝洞穴大门
上的齿轮密码锁，齿
轮锁内外圈都有6个
数，据说只有当所有
内外圈上两个数的和
相等的时候，洞穴的大门才会打开。转动
时齿轮上的数不变。问题：怎样转动齿轮锁
的外圈才能打开洞穴的大门？

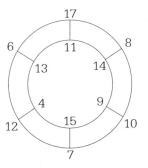

106

地下舞蹈室

　　一行人穿过狭长的隧道，终于看到了一丝亮光，还听到一阵阵熟悉的音乐声。花花听到音乐声后，突然觉得这趟探险很没劲。一行人继续往前走，光越来越亮。UBIQ关了电筒，大家终于看到了国王和加、减、乘、除。

　　地下被挖出一个宽敞的房间，房顶上挂满了各种灯，地上铺着红地毯，上面摆放了两个大音响，音响放着花花最不喜欢听的吉他电音。杂乱的电线连接着房顶上的灯，各种插座上插满了插头。这下罗克终于找到了

停电的原因：看这乱七八糟的电路，一定是城堡用电过载了。

国王看到罗克一行人，惊讶地说："你们是怎么找到这里来的？"罗克用大拇指指了指自己的脑袋说："全靠我过人的智慧。"

花花走到国王面前指责道："爸爸，城堡全都停电了，你怎么也不管管？"国王疑惑地问："怎么会停电呢？"罗克说："都是因为你在这里私拉电线，弄得电路乱七八糟的，电路过载了才停电的。"

依依生气地说："你在下面挖那么大个

洞干什么？"国王委屈地说："这不是想着在后天舞蹈大赛时给你们一个惊喜嘛！我这才刚开始练，你们就下来了。"

罗克严肃地对国王说："在没有专业人士帮助的情况下，私拉电线是非常危险的事情，一旦出现问题，轻则断电，重则引起火灾，到时候你们心爱的城堡就会化为火海了。"国王听了害怕地说："那可不行，我好不容易才找到一个住的地方，加、减、乘、除，快关灯！"

加、减、乘、除听到命令后赶紧去关灯，结果发现无论怎么按开关都关不了。"报告国王！开关没用了！"

国王听后着急地说："那就拔插头！"

加、减、乘、除又去拔插头，但是他们发现插头都非常烫："报告国王，插头太烫了，没法下手！"

一时间，国王也慌了，不知道下一步该怎么办。这时，有个灯泡"嘭"的一声炸

了，接着响起一连串的"嘭嘭"声，灯泡一个接一个地炸了。大家吓得蹲在地上捂着耳朵尖叫，眼前一片漆黑。

UBIQ再次打开了电筒，众人都眼角带泪，狠狠地盯着国王。国王一个劲地弯腰给大家赔礼道歉："对不起，对不起，我再也不敢私拉电线了。"

众人走出地道，回到了国王的房间。花花给国王讲了一下晚上发生的事情。"哈哈哈，鬼故事接龙，有意思，我也想玩一玩。"国王笑着说。

一行人说着、笑着，突然罗克说："等一下！你们听，是不是有哭声？"大家赶紧停下来，仔细听了一下，隐隐听到一段非常幽怨的哭声。"咦，这是什么啊？爸爸我怕！"花花连忙爬到国王的背后，国王哆嗦着站直身子抱着花花说："别……别怕，有爸爸呢！什么妖魔鬼怪都别想碰我的女儿！"

　　一行人蹑手蹑脚地找哭声的源头，终于在一个小角落里看到一个蹲着的身影。UBIQ一束灯光照过去，那身影转过头来，一双血红色的眼睛盯着众人，一声尖叫划破城堡的上空。

　　"对不起，我们把你给忘了。"见躲在墙角的小强眼睛都哭红了，罗克赶忙给他道歉。依依则在一旁无奈地扶着额头。

　　过了一会儿，灯亮了，城堡里面又充满了光明。加、减、乘、除回到大厅向国王敬了个礼说："报告国王，是电路跳闸了，现在已经弄好了。"

　　罗克不禁感叹道："真是一个惊险刺激的晚上啊！"

巧用余数

　　罗克建议国王在侍卫队伍里加入"余数"侍卫。可不要以为余数是多余的，有时余数起着决定性的作用，尤其是周期规律问题，余数是几，最后一个数就和周期中第几个数是一样的。

例　题

　　国王有500盏红蓝两色的彩灯，准备挂在城堡两侧的道路上。国王看了下，红色彩灯稍微少些。侍卫报告国王说按照红红红蓝蓝蓝蓝红红红蓝蓝蓝蓝红红……的规律。问：红灯蓝灯各多少盏？

方法点拨

　　我们发现彩灯是按照三红四蓝再三红四蓝的规律排列的，每7盏灯为一个周期，也就是一组，每一组中3盏红灯，4盏蓝灯。

500÷2=250，每侧挂250盏。

250÷7=35（组）……5（盏）

余5盏，这5盏按顺序是：红红红蓝蓝。

红灯盏数：每侧为35×3+3=108（盏），一共有108×2=216（盏）

蓝灯盏数：每侧为35×4+2=142（盏），一共有142×2=284（盏）

牛刀小试①

体育课上，老师要求同学们按"一二三"报数，然后让报"二"的同学出来重新站成一排，数数发现这一排共有19个同学，问：体育课上共有多少学生？

7

舞蹈大赛

　　终于，舞蹈大赛如期而至，为此，小镇的中心还建起了一个巨大的舞台。此时舞台下的观众早已就座，等待比赛的开始。

　　在观众的吵闹声中，舞台灯光亮起，聚光灯扫过每一个观众。观众的目光被灯光所

吸引，大家纷纷停止了说话。最后聚光灯打在了舞台的中央，舞台中间的地板打开了，国王努力摆着一个自认为帅气逼人的造型，从舞台中央慢慢升起。此时广播里传出"有请'达力杯'舞蹈大赛主持人，国王！"的声音。

国王给大家一个飞吻，坐在下面的女性观众顿时一阵恶心，赶紧侧身躲开。国王慷慨激昂地说："欢迎大家来到'达力杯'舞蹈大赛的比赛现场。"他一边说着一边踩着舞步，还快速地转了几圈，"今晚将有四组参赛选手争夺一万元大奖，冠军将通过场内外短信投票的方式产生。各位观众，快拿起你们的手机支持你们喜欢的参赛队伍吧！"听到这，场内的观众赶紧掏出手机准备投票。

舞台后方，罗克和荒岛的一行人正看着舞台上的国王。罗克惊讶地说："国王？他怎么变成主持人了？"花花在一旁开心地说："我的爸爸太有风度了！"这时观众席上忽然传来一阵掌声。有人大喊："国王！你好帅！"众人循声望去，原来是加、减、乘、除在台下给国王加油助威，而旁边的人正用嫌弃的眼神看着他们。

国王开始介绍这次比赛的评委："有请我们的第一位评委，光头界最帅的光头，连做评委都不忘打高尔夫球的泰哥先生！"泰哥从台下缓缓升起，他的座位是一把青草地一样的椅子，上面还有一个高尔夫球。随着椅子的升起，泰哥一棍将球打飞至天际，赢来观众的阵阵掌声。

国王继续介绍下一位："接下来，是最喜欢一边做提拉米苏一边跳舞的班主任，米苏女士！"班主任缓缓登场，她的座位是一块粉色的大蛋糕。米苏拿出一块提拉米苏蛋糕问大家："有人想吃吗？"台下观众热情地大喊："想！"

最后，国王来到一个小马摇摇椅旁边，

突然卖起了关子："最后一位评委，大家能猜到他是谁吗？"观众纷纷摇头。国王神秘地说："那我给大家一些提示，这位评委集智慧与帅气于一身，他的粉丝遍布全宇宙。"在后台的罗克忍不住翻了个白眼，说："这一套是他用来吹捧自己的，估计最后一个评委就是他了。"果然，国王宣布："没错！最后一位评委就是我！"说完他跳上了摇摇椅，用手拉着缰绳，犹如一位骑着骏马的骑士。然而，摇摇椅弹了回来，国王没抓牢，整个人一下子飞了出去。

国王尴尬地拍了拍身上的灰，继续说：

"这些参赛选手们应该感到幸运，正是因为我没有参加比赛，他们才有了表现的机会！那么……"国王回到自己的位置接着说，"有请我们的参赛选手登场！"国王说完，舞台的音响开始放歌，台下也放出了白雾，炫目的灯光在台上闪耀，参赛选手们一一登场。

"首先出场的是罗克和依依——数学手帕组合！"罗克和依依穿着西装，优雅地走上舞台。"接下来是加、减、乘、除——城堡F4组合！"加、减、乘、除从后面蹦蹦跳跳地登上舞台。"接下来，是校长和Milk——黑色华尔兹组合！"校长和Milk穿着他们的特制舞鞋，自信地走上舞台。台下的观众纷纷议论着："好漂亮的舞鞋啊！"校长听到后得意一笑。"最后！是我的女儿花花和小强的鼻涕虫组合！"花花神气地走上舞台，后面的小强则十分紧张。

"参赛选手已经全部到场，接下来他

们将通过抽签的方式决定上场顺序。签上的数字作为比赛出场的顺序。"国王正在介绍比赛规则，花花走过来对国王说："这不公平，因为第一个抽签的人选择是最多的。"罗克在旁边纠正花花说："你这个说法是错误的。"花花扭过头对罗克说："怎么会不对呢？一定是你没听清规则。舞蹈大赛一共有四组选手，他们通过抽签的方式决定出场顺序，四组选手在抽完签后统一亮签。如果人人都想第四个出场表演，那么先后不同的抽签顺序对每个人来说是否公平？"

罗克听后对花花说："答案很简单，抽签顺序对抽签概率没有影响。在抽签过程中，大家互不亮签的前提下，第一个人抽中4号的概率是 $\frac{1}{4}$；第二个人从剩下的三个签中抽取一个签，抽中4号出场的概率是 $\frac{3}{4} \times \frac{1}{3} = \frac{1}{4}$；第三个人从剩下的两个签中抽到4号的概率为 $\frac{1}{2} \times \frac{1}{2} = \frac{1}{4}$；第四个人抽到4号的

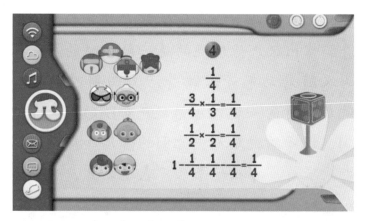

概率为 $1-\dfrac{1}{4}-\dfrac{1}{4}-\dfrac{1}{4}=\dfrac{1}{4}$。由此可知，四组选手的抽签概率均为 $\dfrac{1}{4}$。"花花听了恍然大悟，连连点头。

这时，小强抽完签回来了，花花问他："小强，你抽到第几啊？"小强开心地说："第四。"花花生气地说："第四有什么好开心的？你为什么要抽到最后？"罗克在一旁安慰花花："没事的，主角一般都是压轴登场。"依依走过来对罗克说："快准备吧，我们是第一组。"罗克听完沮丧地说："啊？这么快？"

比赛开始了。音乐响起，罗克和依依踩着旋律出来。他们跳的是一段炫酷的舞蹈，两人随着动感音乐做着活力四射的动作。观众们看向一边，原来还有UBIQ在一旁做DJ，现场的观众都被他们的音乐和舞蹈所感染，跟着节奏拍起手来。表演结束，台下爆发出响亮的掌声。

班主任在评委席一边对罗克和依依挥手一边说："太棒了！不愧是我教出来的！"依依捂着脸，心想：你教的明明是数学！国王将话筒递给泰哥，问道："泰哥，你对这组的舞蹈评价如何？"泰哥激动地说："我觉得冠军就应该是他们的。"

　　国王摇摇手拿回话筒说："现在说这话还为时尚早！后面还会有更加精彩的舞蹈，各位电视机前的观众不要走开，接下来出场的是——城堡F4！"

　　吉他电音响起，加、减、乘、除开始像一群猴子一样在舞台上乱跳，台下的观众都看呆了。泰哥看着加、减、乘、除的表演，说："这……这也能叫作舞蹈？"国王得意地说："这怎么不是舞蹈？这可是我专门设计的动作！"泰哥看了一眼国王，说："噢，难怪。"音乐结束，台下传来一片"嘘"声，加、减、乘、除灰溜溜地跑下台。

国王继续说："接下来有请——黑色华尔兹！"

音乐响起，校长和Milk走上台，他们跟随着音乐踏出曼妙的舞步。Milk将校长拉向怀中，校长又旋转着出去，每一个动作都饱含着深情。观众被他们的舞蹈迷住，班主任也在旁边感叹："此舞只应天上有，人间能得几回观！"

校长正露出得意的笑容，突然感觉脚上的鞋子震动了一下，然后一个跟斗，鞋子竟然疯狂地动了起来。校长生气地问Milk："Milk！你输入了哪道程序？"Milk摸着后脑勺不好意思地说："全都输入了。"

校长一声惨叫，观众看着校长越飞越高，然后突然砸下来，又回到舞台转着圈，再一头撞向Milk，头顶着Milk越飞越远，最

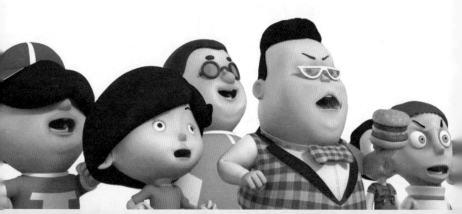

后淡出了大家的视线。观众目瞪口呆地看着校长消失的方向，不知道到底发生了什么事情。

"现在有请最后一组参赛选手！"国王回过神来，赶紧报幕。观众集体回过头来笑着鼓掌，好像刚才什么事都没有发生一样。

"接下来是我的女儿花花带来的精彩表演！"国王热情地介绍着。花花和小强走上舞台，小强无可奈何地拿着一朵花。花花精神饱满地介绍说："大家好！我给大家带来一段花瓣舞！"观众一听，顿时来了兴趣。班主任说："花瓣舞，听起来好浪漫啊！"

音乐响起，花花深情地撕下一片花瓣。随着音乐节奏的变化，花花和小强撕花瓣的速度也时快时慢。音乐渐渐走向高潮，在最后一个音符结束时，花花和小强撕下最后一片花瓣，将花扔向了空中。

现场鸦雀无声，评委们仿佛不知道舞蹈结束了一样。国王把话筒递给泰哥，问：

"你觉得这舞蹈怎么样?"泰哥愣了愣,这才反应过来,说:"怎么说呢?很特别,非常特别,它没有那么多动作,但却显得刚刚好,再多一点都显得多余,都无法承载这份感情。我从来没有见过这么前卫的艺术表现形式,真是长见识了。"花花在一旁骄傲地说:"那当然了,我可是公主,跳舞是与生俱来的技能。"

最终,比赛迎来了尾声。除了不知去向的校长和Milk,参赛选手和评委们都站在了台上。国王说:"现在,所有参赛队伍都已经结束了表演,哪一组能脱颖而出,拿到冠

军呢？请看大屏幕！"

舞台后面降下一块大屏幕，上面代表四个组的方块正在变高。加、减、乘、除的方块很快就停止了增长，紧接着校长和Milk的方块也停止了增长。最后只剩下依依组和花花组，两组方块不分上下，最后竟然一样高。

"这……"大家看着大屏幕，不知如何是好。国王到一旁接了个电话，点了点头，回到舞台说："刚刚接到举办方的电话，说依依组的舞蹈非常不错，但是花花组的舞蹈也很有新意，于是举办方决定两组共同拿冠军，平分奖金！"依依和花花在舞台上握手，依依对花花说："没想到你还真的有两把刷子。"花花也客气地回道："你才是，能跟我打成平手，确实很有天赋。"

罗克和小强在旁边看到这一幕，欣慰地笑了起来。这场闹剧本身就是由她们而起，现在能和平解决实在是太好了。

"'达力杯'舞蹈大赛到此圆满结束！感谢各位的观看！我们下次再见！"国王说着结束语，音乐再次响起。灯光照向在场的每一位观众，大家都兴奋地挥着手。

　　一个笼子里，Milk正满足地吃着香蕉。校长疑惑地问："Milk，这是哪里啊？"Milk含糊不清地说："好像是动物园？"一旁的校长正被一只大猩猩抱在怀里，校长挣扎着说："救命啊！我不是你的宝宝啊！"

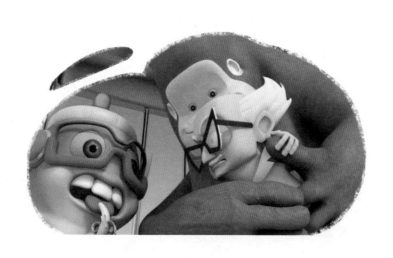

游戏公平吗？

公平的游戏规则是让参与游戏的各方获胜的概率相同，即获胜的可能性相等，也称等可能性。

例 题

舞蹈大赛一共有四组选手，他们通过抽签的方式决定出场顺序，四组选手在抽完签后统一亮签。如果人人都想第四个出场表演，那么先后不同的抽签顺序对每个人来说是否公平？

方法点拨

抽签过程中，在大家互不亮签的前提下，第一个人抽中4号的概率是 $\frac{1}{4}$；第二个人从剩下的三个签中抽取一个签，抽中4号出场的概率是 $\frac{3}{4} \times \frac{1}{3} = \frac{1}{4}$；第三个人从剩下的两个签中抽到4号的概率为 $\frac{2}{4} \times \frac{1}{2}$

$=\frac{1}{4}$；第四个人抽到4号的概率为$1-\frac{1}{4}-\frac{1}{4}-\frac{1}{4}=\frac{1}{4}$。

由此可知，四组选手的抽签概率均为$\frac{1}{4}$。

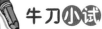

牛刀小试

　　花花与罗克玩抛硬币，花花抛两次，罗克抛两次……这样轮流抛下去，如果花花连续两次抛得的结果相同，则记1分，否则记0分；如果罗克连续两次抛的结果中至少有1次硬币的正面朝上，则记1分，否则记0分。这样轮下来，谁先记满10分，谁就赢。你觉得这个游戏公平吗？

游园会

● 1. 令人期待的游园会……吗

【荒岛课堂】国王的年龄

【答案提示】

姐姐和妹妹今年的年龄和为12岁，那么四年前应该是12-4-4=4（岁），与已知条件矛盾。说明四年前妹妹还没有出生，姐姐四年前5岁，现在9岁，妹妹现在是12-9=3（岁）。

● 2. 游园会开始

【荒岛课堂】打折故事——多买一个蛋糕更省钱

【答案提示】

八五折，即商品的现价是原价的0.85，

$1000 × 0.85 × 0.9 = 765$（元）

$1000 - 765 = 235$（元），罗克妈妈节省了

235元。

● 3. **双人份的飞天大炮**

【荒岛课堂】比比谁快

【答案提示】

340米=0.34千米=$\frac{340}{1000}$米（为方便计算，转化为分数）

$1秒=\frac{1}{3600}$时

$\frac{340}{1000}÷\frac{1}{3600}=1224$（千米/时）

1224千米/时<2180千米/时

● 4. **神枪手花花**

【荒岛课堂】找准题目中的条件

【答案提示】

首先不要被计算10次泡泡数量吓倒，根据题目中隐藏条件确定3分钟之前吹的泡泡已经全部破了，然后分别求出第10分钟，第9分钟，第8分钟吹的泡泡还没有破的有多少：

第10分钟吹的1000个泡泡都还在；

第9分钟吹的泡泡还有1000×50%=500（个）；

第8分钟吹的泡泡还有1000×5%=50（个）；

所以吹了10次后还有1000+500+50=1550（个）泡泡没有破。

【荒岛课堂】找"不一样"的药丸

【答案提示】

将10个袋子分别编上号码：1、2、3……9、10，从第1袋中取1个零件，第2袋中取2个零件……第10袋中取10个零件，称量取出来的零件的总重量，即可知道哪一袋装的是49克的零件。

【荒岛课堂】信息技术中的数学问题

【答案提示】

设这个神奇的数为x。

根据输入10，输出36列方程：

$10 \times 5 - 2x = 36$

解得$x=7$。花花的年龄是7岁。

【荒岛课堂】图表法学搭配

【答案提示】

15种。

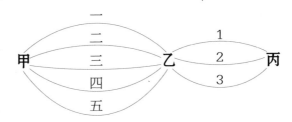

【荒岛课堂】幻方

【答案提示】

只有三行，三行用完了所给的9个数，

所以每行三数之和为：

（2＋3＋4＋5＋6＋7＋8＋9＋10）÷3＝18

假设符合要求的数都已经填好，那么三行、三列、两条对角线共8行上的三个数之和都等于18，我们看看18能写成哪三个数之和：

最大数是10：18＝10＋6＋2＝10＋5＋3

最大数是9：18＝9＋7＋2＝9＋6＋3＝9＋5＋4

最大数是8：18＝8＋7＋3＝8＋6＋4

最大数是7：18＝7＋6＋5

刚好写成8个算式。

首先确定正中间方格的数。第二横行、第二竖行、两个斜行都用到正中间方格的数，共用了四次。观察上述8个算式，只有6被用了4次，所以正中间方格中应填6。

然后确定四个角的数。四个角的数都用了三次，而上述8个算式中只有9、7、5、3被用了三次，所以9、7、5、3应填在四个角

上。但还应兼顾两条对角线上三个数的和都为18。最后确定其他方格中的数，如下图：

9	2	7
4	6	8
5	10	3

舞蹈大赛

1. 自讨苦吃

【荒岛课堂】最不利原则

【答案提示】

至少有3个。从运气最不好的情况考虑，每次取出球的颜色与上一次不相同，即取出的5个球两种颜色尽量轮流出现，$5 \div 2 = 2 \cdots\cdots 1$，最后至少有一个球和前面某2个球的颜色是一样的，即2+1=3（个）。

【荒岛课堂】巧用数量关系

【答案提示】

这题不要理解为盈亏问题，而要综合对比理解，相当于梨的总数是人数的整数倍还多2个，苹果数是人数的整数倍还少2个，所以减掉2个梨，加上2个苹果后，即24个梨和36个苹果就是人数的整数倍了，这里要求人数最多，即求24与36的最大公因数（24，36）=12（个）。

● 3. MJ之舞

【荒岛课堂】滑稽的数字舞步

【答案提示】

$8 \div 4 = 2$，$8 + 3 = 11$

$18 \div 9 = 2$，$18 + 3 = 21$

$12 \div 6 = 2$，$12 + 3 = 15$

$22 \div 11 = 2$，$22 + 3 = 25$

两个数分别为：22，11。

● 4. 鬼故事接龙

【荒岛课堂】"可怕的"牛吃草问题

【答案提示】

这是一道更为复杂的牛吃草问题。把每头牛每天吃的草看作1份。

$10 \times 30 = 300$（份）表示5公顷草地原有草量和30天长的草量；

$28 \times 45 = 1260$（份）表示15公顷草地原有草量和45天长的草量；

$300 \div 5 = 60$（份）表示1公顷草地原有草量和30天长的草量；

$1260 \div 15 = 84$（份）表示1公顷草地原有草量和45天长的草量；

$(84 - 60) \div (45 - 30) = 1.6$（份）表示1公顷草地每天长的草量；

所以，每公顷草地原有草量为$60 - 30 \times 1.6$

＝12（份）。

第三块地的面积是24公顷，每天长的草量
1.6×24＝38.4（份），原有草量为24×12＝288
（份）。

新生长的38.4份草量够38.4头牛每天
吃，288份草量可以提供给其余的牛吃80天。

所以，288÷80＝3.6（头）

第三块地一共可以供38.4+3.6＝42（头）
牛吃80天。

s. 隐藏的铁门

【荒岛课堂】转动的数式谜

【答案提示】

解这道题不能随意乱转，仔细观察，发
现规律。若所对应的内外数之和皆相等，则
该数应为总数的平均数。先按从小到大的顺
序把内外圈上12个数相加：

4+6+7+8+9+10+11+12+13+14+15+
17＝126；

内外圈两个数的和：126÷6=21。

先找准内圈最小的数4，我们发现当外圈17转到对应4的位置的时候，每组内外圈的和均为21。

所以，把外圈按顺时针方向转动4格，或者逆时针方向转动2格都能打开洞穴的大门。

● 6. 地下舞蹈室

【荒岛课堂】巧用余数

【答案提示】

学生总数根据报数的最后一个同学分三种情况讨论。

情况一：最后一个同学报"三"，学生总数÷3=19（组），没有余数。

学生总数=19×3=57（人）。

情况二：最后一个同学报"二"，学生总数÷3=18（组）……2（个），学生总数=18×3+2=56（人）。

情况三：最后一个同学报"一"，学生总数÷3=19（组）……1（个），学生总数=19×3+1=58（人）。

7. 舞蹈大赛

【荒岛课堂】游戏公平吗？

【答案提示】

连续抛两次硬币可能出现的情况有："正，正""正，反""反，正""反，反"，花花抛的话，有两种情况记1分，罗克抛的话有三种情况记1分，所以罗克赢的可能性大，游戏不公平。

数学知识对照表

图书在版编目（CIP）数据

罗克数学荒岛历险记. 5，不一样的儿童节/达力动漫著. —广州：广东教育出版社，2020.11

ISBN 978-7-5548-3309-4

Ⅰ.①罗⋯　Ⅱ.①达⋯　Ⅲ.①数学—少儿读物　Ⅳ.①O1-49

中国版本图书馆CIP数据核字（2020）第100221号

策　　划：陶　己　卞晓琰
统　　筹：徐　枢　应华江　朱晓兵　郑张昇
责任编辑：李　慧　惠　丹　马曼曼
审　　订：苏菲芷　李梦蝶　周　峰
责任技编：姚健燕
装帧设计：友间文化
平面设计：刘徵羽　钟玥珊

罗克数学荒岛历险记　5　不一样的儿童节
LUOKE SHUXUEHUANGDAO LIXIANJI　5　BUYIYANG DE ER'TONGJIE

广东教育出版社出版发行
（广州市环市东路472号12-15楼）
邮政编码：510075
网址：http://www.gjs.cn
广东新华发行集团股份有限公司经销
广州市岭美文化科技有限公司印刷
（广州市荔湾区花地大道南海南工商贸易区A幢 邮政编码：510385）
889毫米×1194毫米　32开本　4.75印张　95千字
2020年11月第1版　2020年11月第1次印刷
ISBN 978-7-5548-3309-4
定价：25.00元

质量监督电话：020-87613102　邮箱：gjs-quality@nfcb.com.cn
购书咨询电话：020-87615809